FORSCHUNGSBERICHTE DES LANDES NORDRHEIN-WESTFALEN

Nr. 1863

Herausgegeben im Auftrage des Ministerpräsidenten Heinz Kühn
von Staatssekretär Professor Dr. h. c. Dr. E. h. Leo Brandt

DK 547.7:541.128.34:546.28

Prof. Dr. Leonhard Birkofer

Institute für Organische Chemie der Universitäten Düsseldorf und Köln

Studium von siliciumorganischen Verbindungen im Hinblick auf ihre Verwendung als Hilfsmittel in der organisch-chemischen Synthese

WESTDEUTSCHER VERLAG · KÖLN UND OPLADEN 1967

ISBN 978-3-663-03921-1   ISBN 978-3-663-05110-7 (eBook)
DOI 10.1007/978-3-663-05110-7

Verlags-Nr. 011863

Gesamtherstellung: Westdeutscher Verlag

Inhalt

»Aktivierung« N-haltiger Heterocyclen durch Silylierung

Im Rahmen von Untersuchungen über die Reaktionsfähigkeit der Si—N-Bindung haben wir verschiedene N-haltige Heterocyclen durch Umsatz mit Hexamethyldisilazan (**1**), Triäthylaminosilan (**2**) oder Trimethylchlorsilan (**3**) in die N-Trialkylsilyl-Derivate übergeführt.

Durch Erhitzen der jeweiligen Verbindung mit **1** entstanden N-Trimethylsilyl-imidazol (**4**), -pyrazol, -3.5-dimethyl-pyrazol, -1.2.4-triazol (**5**), -benzimidazol, -indazol, -pyrrolidin und -piperidin und mit **2** Triäthylsilyl-pyrrolidin und -piperidin. Die Trimethylsilyl-Verbindungen ließen sich auch mit **3** in Gegenwart von tertiären Aminen wie Triäthylamin erhalten. Pyrrol und Indol wurden als Kalium-Salze mit **3** oder Triäthylchlorsilan silyliert. Bis auf das Trimethylsilylbenzimidazol, das bei 66°C schmelzende Prismen bildet, stellen alle hier erwähnten Trialkylsilyl-Verbindungen unzersetzt destillierbare und in den gebräuchlichen organischen Lösungsmitteln leicht lösliche Flüssigkeiten dar.

Da in letzter Zeit N-Acyl-Heterocyclen biochemisches Interesse als Acylgruppen-Überträger gefunden haben, versuchten wir, die N-Trialkylsilyl-Heterocyclen zu ihrer Synthese zu verwenden.

Äquimolare Mengen **4** und Acetylchlorid bilden bereits bei 0°C augenblicklich N-Acetyl-imidazol (Ausbeute: 96% d. Th.). Offenbar sind die silylierten Heterocyclen reaktionsfähiger als die unsilylierten, denn die direkte Acylierung von Heterocyclen erfordert im allgemeinen mehrere Stunden, so z. B. die Umsetzung von Imidazol mit Acetylchlorid[1, 2].

Aus **4** und Benzoylchlorid erhielten wir N-Benzoyl-imidazol und aus **5** und Acetylchlorid das sehr empfindliche N-Acetyl-1.2.4-triazol in 97%iger Ausbeute. Ebenso wurden **4** und **5** mit Chlorameisensäureester zu Imidazol- bzw. 1.2.4-Triazol-carbonsäure-(1)-äthylester[3] in 95%iger Ausbeute umgesetzt. Mit Phosgen reagierten äquivalente Mengen **4** und **5** sofort zu N.N′-Carbonyl-di-imidazol bzw. N.N′-Carbonyl-di-1.2.4-triazol[4] in 98%iger Ausbeute.

Wie wir feststellten, ist es nicht erforderlich, die N-Trialkylsilyl-Heterocyclen zu isolieren. Man kann die freien Heterocyclen zu der Reaktionslösung von Trimethylchlorsilan (**3**) und Ammoniak ohne vorherige Reinigung des gebildeten Hexamethyldisilazans (**1**) hinzugeben. Nach erfolgter Silylierung wird die Acylgruppe eingeführt und frei gewordenes Trimethylchlorsilan (**3**) kann zurückgewonnen werden.

$$(CH_3)_3SiCl \xrightarrow[\text{Toluol}]{+\,NH_3} (CH_3)_3SiNHSi(CH_3)_3 \xrightarrow{+\,\text{N-Heterocyclus}}$$

$$\quad\ \ \mathbf{3} \qquad\qquad\qquad\qquad\qquad \mathbf{1}$$

$$\text{N-Trimethylsilyl-Heterocyclus} \xrightarrow{+\,\text{Acylhalogenid}} \mathbf{3} + \text{N-Acyl-Heterocyclus}$$

[1] Th. Wieland und G. Schneider, Liebigs Ann. Chem. **580**, 159 (1953).
[2] H. A. Staab, Chem. Ber. **89**, 1927 (1956).
[3] H. A. Staab, Liebigs Ann. Chem. **609**, 83 (1957), stellte diese Verbindungen aus den freien Heterocyclen dar.
[4] H. A. Staab, Liebigs Ann. Chem. **609**, 75 (1957), erhielt diese Verbindungen aus den freien Heterocyclen.

Auch Monoschwefeldichlorid, SCl_2, reagiert mit silylierten Heterocyclen. So erhielten wir aus **4** das sehr feuchtigkeitsempfindliche und reaktionsfähige Di-[imidazolyl-(1)]-sulfid[4] (**6**) in fast quantitativer Ausbeute. Bei Einwirkung von **6** auf Piperidin bildet sich sofort unter »Umsulfidierung« das stabile Dipiperidino-sulfid (**7**). **7** erhält man auch aus N-Trimethylsilyl-piperidin und SCl_2. Es ist mit nach A. MICHAELIS dargestelltem **7** identisch[5].

6   7

Die Si—N-Bindung in einem silylierten Heterocyclus ist so reaktionsfähig, daß selbst Chloressigsäurecster damit reagiert. So bildet sich aus N-Trimethylsilyl-imidazol (**4**) und Chloressigsäure-trimethylsilylester (**8**) der N-Imidazolyl-essigsäure-trimethylsilyl-ester (**9**), der mit Wasser quantitativ in die, sonst nur auf sehr kompliziertem Wege zugängliche, freie Imidazolyl-essigsäure-(1)[6] (**10**) übergeht.

$$N{-}Si(CH_3)_3 + ClCH_2CO_2Si(CH_3)_3 \longrightarrow (CH_3)_3SiCl +$$

4   8   3

$$N{-}CH_2CO_2Si(CH_3)_3 \xrightarrow{\ H_2O\ } N{-}CH_2CO_2H$$

9   10

Thermolyse N-silylierter Tetrazole

Nachdem es uns gelungen war, N-Trialkylsilyl-Derivate heterocyclischer Fünfringe mit 1, 2 und 3 Ringstickstoffatomen zu synthetisieren[7], versuchten wir das nächste Glied dieser Reihe, das bisher noch unbekannte N-Trimethylsilyltetrazol (**11**), darzustellen. Als wir Tetrazol mit siedendem Hexamethyldisilazan (**1**) unter den gleichen Bedingungen wie z. B. Imidazol oder 1.2.4-Triazol[7] umsetzten, wurde nicht nur die berechnete Menge Ammoniak, sondern zusätzlich noch das gleiche Volumen Stickstoff entbunden. Dieses Verhalten entsprach den thermischen Ringöffnungen anderer substituierter Tetrazole, über die vor allem in letzter Zeit berichtet wurde[8]. Der interessante Verlauf dieser Zerfallsreaktionen hängt von der Art der Substituenten und deren Stellung am Tetrazol-ring ab. Es lag nun nahe, den Einfluß eines Silyl-Substituenten auf den Verlauf der thermischen Spaltung des Tetrazolringes zu untersuchen[9].
Es war zu erwarten, daß sich die Tendenz des Siliciums, neben der Si—N—σ-Bindung noch eine π-Bindung einzugehen, auf den Reaktionsablauf auswirken würde. In einem

[5] A. MICHAELIS, Ber. dtsch. chem. Ges. **28**, 1012 (1895).

[6] A. P. T. EASSON und F. L. PYMAN, J. chem. Soc. (London) **1932**, 1806.

[7] L. BIRKOFER, A. RITTER und P. RICHTER, Chem. Ber. **93**, 2804 (1960).

[8] R. HUISGEN, Angew. Chem. **72**, 359 (1960); R. HUISGEN, J. SAUER und M. SEIDEL, Liebigs Ann. Chem. **654**, 146 (1962).

[9] L. BIRKOFER, A. RITTER und P. RICHTER, Chem. Ber. **96**, 2750 (1963).

Trialkylsilyltetrazol sollte die Ausbildung einer d_π—p_π—Si—N-Bindung durch die Mesomerie des Ringsystems, die das freie Elektronenpaar des Stickstoffes beansprucht, weitgehend unterdrückt werden, beim Zerfall des Ringes könnte sie jedoch zum Zuge kommen und zur Stabilisierung der Spaltprodukte beitragen.

1. Darstellung und Thermolyse von N-Trimethylsilyl-tetrazol

Bei dem oben erwähnten Versuch, Tetrazol mit Hexamethyldisilazan (1) zu silylieren, konnte nicht das erwartete N-Trimethylsilyl-tetrazol (11), sondern neben der äquimolaren Menge Stickstoff N.N'-Bis-trimethylsilyl-carbodiimid (15)[10] als Reaktionsprodukt gefaßt werden. Es ist anzunehmen, daß 11 primär entsteht. Tatsächlich konnten wir 11 durch Silylieren von Tetrazol mit Trimethylchlorsilan (3) in Gegenwart von Triäthylamin bei 10°C darstellen. 11 siedet bei 66°C/0,1 Torr und bildet bei 28–30°C schmelzende Kristalle.

$$\underset{3}{\begin{array}{c}N=N\\ |\qquad\rangle N-H\\ N=C\end{array}} + ClSi(CH_3)_3 \quad \xrightarrow[-\,(C_2H_5)_3N.HCl]{+\,(C_2H_5)_3N} \quad \underset{11}{\begin{array}{c}N=N\\ |\qquad\rangle N-Si(CH_3)_3\\ N=C\end{array}}$$

Beim Erhitzen auf 135–145°C entwickelten sich aus 11 innerhalb von 2 Stunden 90% der berechneten Menge Stickstoff. Die Aufarbeitung des Thermolysates ergab N.N'-Bis-trimethylsilyl-carbodiimid (15) und polymeres Cyanamid (16). Tetrazol selbst erwies sich dagegen bei mehrstündigem Erhitzen in siedendem Xylol (Sdp. 139°C) als vollkommen beständig.

Bei der Thermolyse von 11 wird wahrscheinlich unter Sprengung des Tetrazolringes zunächst Stickstoff abgespalten. Das hierbei auftretende Bruchstück 12 kann unter Wasserstoffwanderung in Mono-N-trimethylsilyl-carbodiimid (13) oder Mono-trimethylsilyl-cyanamid (14) übergehen, die sich zu N.N'-Bis-trimethylsilyl-carbodiimid (15) und polymerem Cyanamid (16) umlagern. Da man aus äquimolaren Mengen Cyanamid und Trimethylchlorsilan nicht 14, sondern nur 15 erhält, ist es klar, daß das eventuell intermediär auftretende 14 nicht zu isolieren ist.

$$\underset{11}{\left[\begin{array}{c}Si(CH_3)_3\\ N\\ N\qquad N\\ N\end{array}\right]} \quad \xrightarrow{-\,N_2} \quad \underset{12}{[(CH_3)_3Si-\overset{\oplus}{\underline{N}}-CH=\overset{\ominus}{\underline{N}}]}$$

$$\longrightarrow \underset{13}{[(CH_3)_3SiN=C=NH]} \quad oder \quad \underset{14}{[(CH_3)_3SiNH-CN]}$$

$$\longrightarrow \underset{15}{\tfrac{1}{2}\,(CH_3)_3SiN=C=NSi(CH_3)_3} + \underset{16}{\frac{1}{2\,n}\,(H_2N-CN)_n}$$

Nachdem Stickstoff sowie 15 und 16 auftreten, erscheint es gerechtfertigt, 11 als 1-Trimethylsilyl-tetrazol anzusprechen. Weitere Strukturbeweise stellen Elementaranalyse und IR-Spektrum dar.

---

[10] 15 ist von J. Pump und U. Wannagat, Angew. Chem. 74, 117 (1962), auf anderem Wege dargestellt worden.

Als Beleg für die Carbodiimidstruktur von **15** dienen uns das Dipolmoment (D = 1,48), das Infrarotspektrum und der sich gut in die Reihe der Carbodiimide einfügende Siedepunkt. Cyanamide sieden auf Grund ihrer größeren Polarität höher als die entsprechenden Carbodiimide (vgl. Tab. 1).

Tab. 1

Carbodiimid	D	Sdp./Torr	Cyanamid	D	Sdp./Torr
Di-äthyl		24,5°/10[11]	Di-äthyl		68°/10[11]
Di-n-propyl		53–54°/10[11]	Di-n-propyl		88–90°/10
Di-iso-propyl	2,08[12]	40°/10[12]	Di-iso-propyl	4,76[12]	70°/15[12]
Di-t-butyl		47,5–48,5°/10[13]			
15	1,48	52°/12			
Di-phenyl	1,89[14]	163–5°/11[11]	Di-phenyl		235–240°/60[15]
			Cyanamid	4,52[12]	

N.N'-Bis-trimethylsilyl-carbodiimid (**15**) konnte auch auf anderen Wegen dargestellt werden[10, 16, 17]:

Durch Entschwefelung des N.N'-Bis-trimethylsilyl-thioharnstoffs, den wir erstmals aus Thioharnstoff und Trimethylchlorsilan (**3**) synthetisiert haben, wurde **15** in 50%iger Ausbeute erhalten[16]. Wegen der großen Hydrolyseempfindlichkeit von **15** durfte beim Entschwefelungsprozeß des Thioharnstoffs kein Wasser auftreten. Das üblicherweise verwendete Quecksilber- bzw. Bleioxid ersetzten wir daher durch Silberimidazol.

Ferner ließ sich **15** durch Umsetzung von Silbercyanamid mit **3** bzw. von Cyanamid selbst mit **3** und Triäthylamin in 80%iger Ausbeute gewinnen[16].

U. Wannagat und H. Niederprüm[17] erhielten **15** durch Einwirkung von Bromcyan auf Hexamethyldisilazan-Natrium und J. Pump und U. Wannagat[10] bei dem Versuch, Tetrakis-trimethylsilyl-harnstoff herzustellen.

2. Chemische Eigenschaften trimethylsilylierter Carbodiimide

Bis-trimethylsilyl-carbodiimid (**15**) verhielt sich bei Additionsreaktionen im Gegensatz zu den reaktionsfreudigen rein organischen Carbodiimiden völlig indifferent. Mit Wasser, Alkoholen und organischen Säuren wurden die Silyl-Gruppen abgespalten; NH_3,H_2S, Amine, Hydrazine, Diazomethan und Acetylaceton reagierten nicht mit **15**. Offenbar stehen die freien Elektronenpaare der Stickstoffatome, an denen bei rein organischen Carbodiimiden Additionen beginnen, durch Einbeziehung in die Si—N—d_π—p_π-Bindung in **15** nicht zur Verfügung.

In diesem Zusammenhang schien uns das Verhalten der bisher noch nicht beschriebenen N-Alkyl(Aryl)-N'-trimethylsilyl-carbodiimide interessant. In diesen Verbindungen sollte wenigstens das C-substituierte Stickstoffatom eine Addition einleiten können.

[11] H. Bredereck und E. Reif, Chem. Ber. **81**, 426 (1948).
[12] W. C. Schneider, J. Amer. chem. Soc. **72**, 761 (1950).
[13] E. Schmidt, W. Striewsky und F. Hitzler, Liebigs Ann. Chem. **560**, 222 (1948).
[14] E. Bergmann und W. Schütz, Z. Phys. Chem. Abt. **B 19**, 389 (1932).
[15] J. v. Braun, Ber. dtsch. chem. Ges. **33**, 1438 (1900).
[16] L. Birkofer, A. Ritter und P. Richter, Tetrahedron Letters **1962**, 195.
[17] U. Wannagat und H. Niederprüm, Chem. Ber. **94**, 1540 (1961).

N-Phenyl-N′-trimethylsilyl-carbodiimid (**18**) erhielten wir durch Dehydrosulfierung von N-Phenyl-N′-trimethylsilyl-thio-harnstoff, durch Silylierung von Phenylcyanamid mit Trimethylchlorsilan oder durch Umsetzung von N-Trimethylsilyl-anilin (**17**) mit Bromcyan. Die beiden letzteren Verfahren gestatteten auch die Darstellung des N-Äthyl-N′-trimethylsilyl-carbodiimids (**19**).

$$3\ C_6H_5-NH-Si(CH_3)_3 + 2\ BrCN \longrightarrow 2\ C_6H_5-N=C=N-Si(CH_3)_3 +$$

$$\textbf{17} \qquad\qquad\qquad\qquad \textbf{18}$$

$$C_6H_5-NH_2 \cdot HBr + (CH_3)_3SiBr$$

18 und **19** sind farblose Flüssigkeiten mit den Siedepunkten 119–121°/14 bzw. 42°/12 Torr.

Die erwartete Reaktionsbereitschaft zeigte sich bei Umsetzungen mit Grignard-Verbindungen und Aziden. Die Addition von C_6H_5MgBr an **18** und **19** führte nach Hydrolyse zu monosubstituierten Amidinen, nämlich dem Phenyl-benzamidin (**20**) und dem Äthyl-benzamidin (als Hydrochlorid isoliert) in 77- bzw. 70%iger Ausbeute, z. B.

$$C_6H_5N=C=N\,Si(CH_3)_3 + C_6H_5MgBr \longrightarrow C_6H_5-N-C=N-Si(CH_3)_3$$

$$\textbf{18} \qquad\qquad\qquad\qquad BrMg \quad\ C_6H_5$$

$$\xrightarrow{H_2O/HCl} \quad C_6H_5-NH-\overset{\overset{\displaystyle NH}{\|}}{C}-C_6H_5 + [MgCl_2,\ MgBr_2,\ (CH_3)_3SiOSi(CH_3)_3]$$

$$\textbf{20}$$

Bei der Umsetzung von **18** und **19** mit LiN_3 und NH_4N_3 entstanden 5-Phenyl-amino-tetrazol (**21**)[18] und 5-Äthyl-amino-tetrazol (**22**)[19] in 75- bzw. 80%iger Ausbeute.

$$R-N=C=N-Si(CH_3)_3 \xrightarrow{LiN_3/NH_4N_3}$$

$$\textbf{18}\ \ \textbf{19}$$

$$\xrightarrow{H_2O} \qquad\qquad R=C_6H_5 \quad oder \quad C_2H_5$$

$$\textbf{21}\ \ \textbf{22}$$

3. Thermolyse von 5-Phenyl-trimethylsilyl-tetrazol

Im Gegensatz zu Tetrazol kann 5-Phenyl-tetrazol mit siedendem Hexamethyldisilazan (**1**) in 88%iger Ausbeute in 2-Trimethylsilyl-5-phenyl-tetrazol (**23**) übergeführt werden. **23** zerfällt bei etwa 200°C, jedoch nach einem anderen Mechanismus als 1-Trimethylsilyl-tetrazol (**11**), in Stickstoff und 1-(Bis-trimethylsilyl-amino)-3.5-diphenyl-1.2.4-triazol (**26**), das in 95%iger Ausbeute erhalten wird. Die hohe Ausbeute spricht für einen einheitlichen Thermolyseverlauf. Im Gegensatz hierzu führt die Thermolyse von 5-Phenyl-tetrazol zu einer Vielzahl von Zerfallsprodukten[8]. R. HUISGEN, J. SAUER und

[18] R. STOLLÉ und F. HENKE-STARK, J. prakt. Chem. (2) **124**, 261 (1930).
[19] W. G. FINNEGAN, R. A. HENRY und E. LIEBER, J. org. Chemistry **18**, 779 (1953).

M. Seidel[20] postulierten bei der Thermolyse von 2.5-disubstituierten Tetrazolen eine Nitrilimin-Zwischenstufe. Als primäres Zerfallsprodukt von **23** bildet sich ebenfalls eine solche und zwar C-Phenyl-N-trimethylsilyl-nitrilimin (**24**), das sich in Gegenwart von Zimtsäure-äthylester bzw. Fumarsäure-bis-trimethylsilylester abfangen ließ. Durch 1.3-dipolare Addition[21] an **24** entstanden an Stelle von **26** die 1-Trimethylsilyl-$\triangle^2$-pyrazoline **27** und **28**, die sich, nach Entsilylierung zu 3.4-Diphenyl-$\triangle^2$-pyrazolin-carbonsäure-(5)-äthylester (**29**) und 3-Phenyl-$\triangle^2$-pyrazolin-dicarbonsäure-(4.5) (**30**), mit Brom zu 3.4-Diphenyl-pyrazol-carbonsäure-(5)-äthylester (**31**)[22] bzw. 3-Phenyl-pyrazol-dicarbonsäure-(4.5) (**32**)[23] dehydrieren ließen. Aus der Bildung des C-Phenyl-N-trimethylsilyl-nitrilimins **24** geht hervor, daß die Trimethylsilyl-Gruppe im 5-Phenyl-trimethylsilyl-tetrazol in 2-Stellung steht.

In Abwesenheit von Dipolarophilen dimerisiert das Nitrilimin **24** wahrscheinlich zum Dihydrotetrazin **25**, das sich schließlich zum Triazol **26** umlagert. Zur Erhärtung dieser Anschauung erhitzten wir 3.6-Diphenyl-dihydro-1.2.4.5-tetrazin[24] mit Hexamethyl-disilazan (**1**), wobei wir, ohne **25** isolieren zu können, das Triazol **26** erhielten.

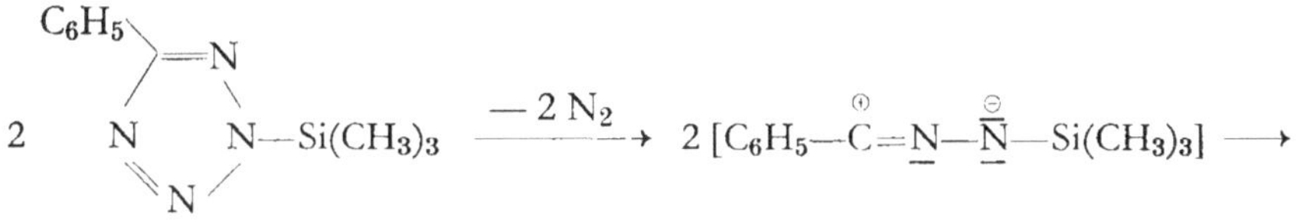

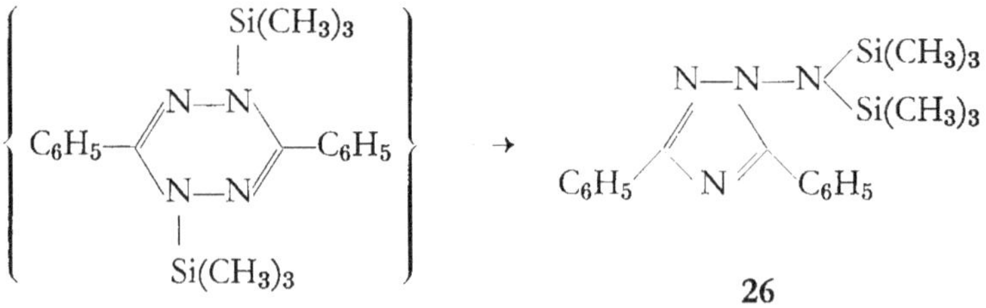

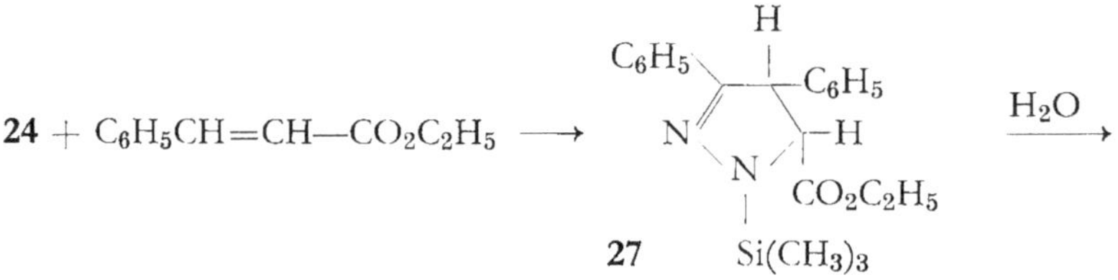

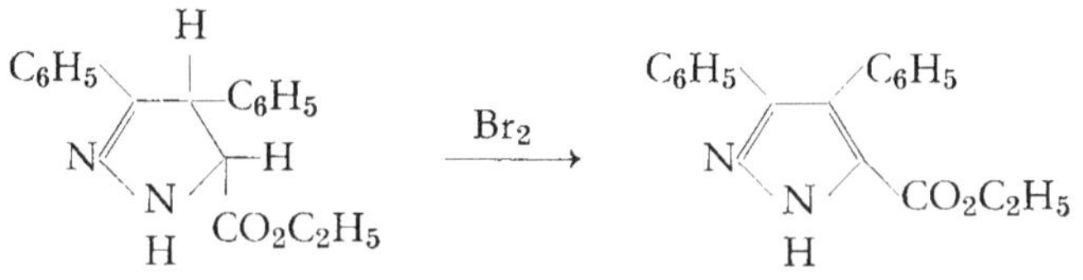

[20] R. Huisgen, J. Sauer und M. Seidel, Chem. Ber. **94**, 2503 (1961).

[21] R. Huisgen, M. Seidel, G. Wallbillich und H. Knupfer, Tetrahedron (London) **17**, 3 (1962).

[22] W. Borsche und H. Hahn, Liebigs Ann. Chem. **537**, 219 (1939).

[23] B. Sjollema, Liebigs Ann. Chem. **279**, 248 (1894).

[24] E. Müller und L. Herrdegen, J. prakt. Chem. (2) **102**, 113 (1921).

$$(CH_3)_3SiO_2C$$

$$\mathbf{24} + \underset{\underset{CO_2Si(CH_3)_3}{|}}{\overset{\overset{|}{H}}{C}} = \underset{H}{\overset{H}{C}} \longrightarrow \quad \mathbf{28} \xrightarrow{H_2O}$$

$$\mathbf{30} \xrightarrow{Br_2} \mathbf{32}$$

Zum Konstitutionsbeweis wurde **26** entsilyliert. Das dabei auftretende Amino-3.5-diphenyl-1.2.4-triazol (Schmelzpunkt 195°C) war mit dem seit langem bekannten 4-Amino-3.5-diphenyl-1.2.4-triazol[25] (Schmelzpunkt 258°C) nicht identisch. Es kann also nur das bisher nicht beschriebene 1-Amino-3.5-diphenyl-1.2.4-triazol vorliegen. Während dessen Diacetyl- bzw. Benzyliden-derivat bei 108° bzw. 153°C schmelzen, haben diese Derivate beim 4-Amino-3.5-diphenyl-1.2.4-triazol die Schmelzpunkte 215°C[26] bzw. 207°C[27]. Sowohl 4- als auch 1-Amino-3.5-diphenyl-1.2.4-triazol lassen sich mit salpetriger Säure zu dem bereits bekannten 3.5-Diphenyl-1.2.4-triazol[26] desaminieren.

4. Thermolyse von 5-Methyl-trimethylsilyl-tetrazol

5-Methyl-N-trimethylsilyl-tetrazol (**33**) erhielten wir durch Umsetzung von 5-Methyl-tetrazol mit Trimethylchlorsilan und Triäthylamin oder mit Hexamethyldisilazan in hoher Ausbeute. **33** ist bei Raumtemperatur flüssig und im Vakuum ohne Zersetzung destillierbar. Beim Erhitzen auf 190–200°C wurde aus **33** innerhalb 3 Stunden das berechnete N_2-Volumen freigesetzt. Die Destillation des Thermolyseproduktes ergab eine flüssige Verbindung bei 105–115°/12 Torr sowie eine rasch kristallisierende bei 200–205°/12 Torr. Beide Verbindungen enthielten Trimethylsilyl-Gruppen, von beiden wurden nur die Alkoholyseprodukte untersucht.

Aus der höher siedenden festen Substanz, die – bezogen auf **33** – zu 15% entstanden war, erhielten wir 4-Amino-3.5-dimethyl-1.2.4-triazol (**34**)[28]. Das flüssige Reaktionsprodukt (66% bezogen auf **33**) ergab nach Desilylierung mit Methanol/HCl ein kristallines Hydrochlorid (**35**), dessen Elementaranalyse sehr gut mit der Formel für ein Amino-dimethyl-triazol.HCl übereinstimmte. Mit NHO_2 ließ sich diese Verbindung in 80%iger Ausbeute zu 3.5-Dimethyl-1.2.4-triazol (**36**) abbauen. Das erhaltene Produkt war mit dem von G. DEDICHEN[29] dargestellten **36** identisch. Da **35** nicht mit dem bekannten Hydrochlorid des 4-Amino-3.5-dimethyl-1.2.4-triazols übereinstimmte, muß es sich um das Salz des isomeren, noch nicht beschriebenen 1-Amino-3.5-dimethyl-1.2.4-triazols handeln.

[25] H. FRANZEN und F. KRAFT, J. prakt. Chem. (2) **84**, 122 (1911).
[26] A. PINNER, Ber. dtsch. chem. Ges. **27**, 984 (1894).
[27] R. STOLLÉ, J. prakt. Chem. (2) **71**, 30 (1905).
[28] H. ASPELSUND und A. M. AUGUSTSON, Acta Acad. Aboensis Math. Physica **7 No. 10**, 1 (1933); ref.: C. A. **29**, 5088 (1935).
[29] G. DEDICHEN, Ber. dtsch. chem. Ges. **39**, 1831 (1906).

Die Thermolyse von 5-Methyl-N-trimethylsilyl-tetrazol (**33**) dürfte nach dem Schema des 2-Trimethylsilyl-5-phenyl-tetrazols (**23**) verlaufen. Die geringere sterische Hinderung seitens der Methyl-Gruppen erlaubt die Bildung beider Amino-dimethyl-triazole.

5. Thermolyse von 5-Amino-bis-trimethylsilyl-tetrazol

5-Amino-tetrazol läßt sich mit siedendem Hexamethyldisilazan (**1**) zu 1-Trimethylsilyl-5-trimethylsilylamino-tetrazol (**37**) silylieren, das beim Erhitzen auf 150°C thermisch abgebaut wird. Neben polymerem Cyanamid (**16**) sowie N.N′-Bis-trimethylsilyl-carbodiimid (**15**) konnte erstmals ein Azid mit silicium-organischem Substituenten, das Trimethylsilyl-azid (**38**)[9, 30, 31], isoliert werden.

Die als Mehrzentrenreaktion aufzufassende Umkehrung der Azidierung von Nitrilen[32] könnte zur Erklärung der Reaktion dienen[9]:

$$14 \longrightarrow \tfrac{1}{2}\,(CH_3)_3SiN{=}C{=}NSi(CH_3)_3 + \tfrac{1}{2\,n}\,(H_2N{-}CN)_n$$

15   **16**

Auf Grund des Zerfalls von **37** in **15** und **38** muß je eine Trimethylsilyl-Gruppe des 5-Amino-bis-trimethylsilyl-tetrazols (**37**) in 1-Stellung und an der Amino-Gruppe stehen, d. h. es muß sich um 1-Trimethylsilyl-5-trimethylsilylamino-tetrazol (**37**) handeln.

6. Trimethylsilyl-azid

Trimethylsilyl-azid (**38**) läßt sich auch durch Silylierung von Stickstoffwasserstoffsäure mit Hexamethyldisilazan (**1**) gewinnen[9, 30]. Für präparative Zwecke ist seine Synthese

[30] L. Birkofer, A. Ritter und P. Richter, Angew. Chem. **74**, 293 (1962).
[31] Kurze Zeit nach unserer Veröffentlichung (l. c. 30) erschienen von R. West und J. S. Thayer, J. Amer. chem. Soc. **84**, 1763 (1962), sowie von N. Wiberg und R. Sustmann, Angew. Chem. **74**, 388 (1962), Mitteilungen über Silyl-azide.
[32] A. Hantzsch und A. Vagt, Liebigs Ann. Chem. **314**, 339 (1901).

aus Natriumazid und Trimethylchlorsilan (**3**) zu empfehlen (Ausbeute: 80% d. Th.)[9].
Da **38** im Gegensatz zur freien Stickstoffwasserstoffsäure weitgehend thermostabil ist
– es kann bei Normaldruck destilliert werden (Sdp.: 95°C) – ist seine Anwendung an
Stelle der freien Säure in vielen Fällen sehr vorteilhaft. Während andere kovalente
Azide beim Erhitzen heftig explodieren, zersetzte sich **38** erst oberhalb 200°C mit
merklicher Geschwindigkeit. Beim Erhitzen in benzolischer Lösung in Gegenwart von
feinverteiltem Kupfer zerfiel es bei 200°C innerhalb von 4 Stunden zu 40–50%. Als
Zerfallsprodukt konnte neben Stickstoff nur Hexamethyldisilazan (**1**) festgestellt werden.
Ein Addukt des vielleicht primär entstehenden Trimethylsilyl-imens [$(CH_3)_3Si—N$]
an Benzol konnte nicht nachgewiesen werden.

Einen Beitrag zur Stabilisierung von **38** könnte die Bildung einer N—Si—π-Bindung
und deren Einbeziehung in die Mesomerie der Azid-Gruppe liefern. Einen deutlichen
Hinweis für das Vorliegen einer d_π—p_π-Bindung entnahmen wir dem Raman-Spektrum. Die Auswertung des Spektrums durch Vergleich mit dem von J. GOUBEAU und
Mitarbeitern[33] diskutierten Raman-Spektrum des zu **38** isosteren Trimethylsilyl-iso-
cyanats [$(CH_3)_3Si—NCO$] ergab eine Aufweitung des Si—NNN-Valenzwinkels über
120° hinaus.

7. Reaktionen mit Trimethylsilyl-azid

Während, im Gegensatz zu anderen Aziden, mit Nitrilen keine Umsetzung erfolgte,
addierte sich Trimethylsilyl-azid (**38**) an Acetylen-bindungen. Beim Erhitzen mit Ace-
tylendicarbonsäure-dimethylester (**39**) bildete sich in 85%iger Ausbeute N-Trimethyl-
silyl-1.2.3-triazol-4.5-dicarbonsäure-dimethylester (**41**); aus Phenylacetylen (**40**) und **38**
entstand zu 64% 4(5)-Phenyl-N-trimethylsilyl-1.2.3-triazol (**42**). Die Hydrolyse von **41**
und **42** lieferte quantitativ die entsilylierten Heterocyclen **43** und **44**[9]:

38	**39**: R = R' = CO$_2$CH$_3$	**41**	**43**
	40: R = H, R' = C$_6$H$_5$	**42**	**44**

Sehr reaktionsfähig erwies sich das Trimethylsilyl-azid (**38**) bei der Umsetzung mit
Triphenyl-phosphin (**45**). Beim Erhitzen von **38** mit **45** bildete sich unter lebhafter
Stickstoff-Entwicklung das bisher unbekannte N-Trimethylsilyl-triphenyl-phosphinimin
(**46**). Die Ausbeute war nahezu quantitativ[9].

$$(CH_3)_3SiN_3 + (C_6H_5)_3P \rightarrow (CH_3)_3Si—N=P(C_6H_5)_3 + N_2$$

38	**45**	**46**

Inzwischen wurde **46** auch von R. WEST und J. S. THAYER[34] synthetisiert. Ohne nähere
Angaben zu machen, berichteten diese Autoren, daß **38** mit **45** eine feste Verbindung

[33] J. GOUBEAU, E. HEUBACH, D. PAULIN und I. WIDMAIER, Z. anorg. allg. Chem. **300**, 194 (1959).
[34] R. WEST und J. S. THAYER, J. Amer. chem. Soc. **84**, 1763 (1962).

bildet. Das Prinzip dieser Reaktion ist von rein organischen Aziden her schon längere Zeit bekannt[35].

46 wird durch Wasser, wie zu erwarten, in Ammoniak, Hexamethyldisiloxan und Triphenyl-phosphinoxyd gespalten. Mit Phenylisocyanat (**47**) reagiert es in geringer Ausbeute (15%) zu dem bereits oben beschriebenen N-Phenyl-N′-trimethylsilyl-carbo-diimid (**18**):

$$(C_6H_5)_3P{=}N{-}Si(CH_3)_3 \ + \ C_6H_5NCO \ \longrightarrow \ C_6H_5N{=}C{=}NSi(CH_3)_3 \ + \ (C_6H_5)_3PO$$

$$\text{46} \qquad\qquad\qquad \text{47} \qquad\qquad\qquad \text{18}$$

[35] H. Staudinger und E. Hauser, Helv. chim. Acta **4**, 861 (1921).

Darstellung N-haltiger Heterocyclen über silicium-organische Verbindungen; eine neue Harnsäure-Synthese[1]

Methylenharnstoffe, wie Trimethylen- (9) und Tetramethylenharnstoff (5) (1.3-Diaza-2-oxo-cyclohexan bzw. 1.3-Diaza-2-oxo-cycloheptan) wurden bisher am günstigsten durch Überführung des jeweiligen Diamins mit Schwefelkohlenstoff in die Thioharnstoffe und anschließende oxydative Entschwefelung dargestellt[2]. Bei dem naheliegenden Versuch, 5 und 9 durch Einwirkung von Phosgen auf die Diamine zu gewinnen, war uns die Isolierung der reinen Harnstoffe praktisch nicht möglich. Diese Schwierigkeiten ließen sich aber mühelos umgehen, als wir an Stelle der freien Diamine ihre N.N'-Bis-trimethylsilyl-Derivate einsetzten.

So konnten wir Tetramethylendiamin (1) mit Hexamethyldisilazan (2) in N.N'-Bis-trimethylsilyl-tetramethylendiamin (3) überführen und dieses bei 0°C in Toluol-Lösung in hoher Verdünnung mit Phosgen zum N.N'-Bis-trimethylsilyl-tetramethylenharnstoff (4) umsetzen; Ausbeute: 60% d. Th. 4 stellt eine farblose Flüssigkeit dar, aus der man durch Hydrolyse bzw. Alkoholyse quantitativ den Tetramethylenharnstoff (5) erhält. Durch die gleichen Reaktionen konnte Trimethylendiamin (6) über das N.N'-Bis-trimethylsilyl-trimethylendiamin (7) in 75%iger Ausbeute in den N.N'-Bis-trimethylsilyl-trimethylenharnstoff (8) umgewandelt und hieraus durch Hydrolyse quantitativ Trimethylenharnstoff (9) erhalten werden.

$$\begin{array}{c}
NH_2 \\
/ \\
(CH_2)_n + (CH_3)_3SiNHSi(CH_3)_3 \longrightarrow \\
\backslash \\
NH_2 \qquad\qquad 2
\end{array}
\qquad
\begin{array}{c}
NH-Si(CH_3)_3 \\
/ \\
(CH_2)_n \\
\backslash \\
NH-Si(CH_3)_3
\end{array}$$

1: n = 4 3: n = 4
6: n = 3 7: n = 3

$$\xrightarrow{COCl_2}
\begin{array}{c}
N-Si(CH_3)_3 \\
/ \qquad \backslash \\
(CH_2)_n \quad CO \\
\backslash \qquad / \\
N-Si(CH_3)_3
\end{array}
\xrightarrow{\text{Hydrolyse}}
\begin{array}{c}
NH \\
/ \quad \backslash \\
(CH_2)_n \quad CO \\
\backslash \quad / \\
NH
\end{array}$$

4: n = 4 5: n = 4
8: n = 3 9: n = 3

Durch Silylierung von o-Phenylendiamin mit Trimethylchlorsilan/Triäthylamin erhält man N.N'-Bis-trimethylsilyl-o-phenylendiamin (10), dessen Reaktion mit Phosgen bei 0°C das ölige N.N'-Bis-trimethylsilyl-benzimidazolon-(2) (11) liefert; Ausbeute: 95% d. Th. Die hydrolytische Spaltung von 11 führt quantitativ zu Benzimidazolon-(2) (12).

$$\overset{NH-Si(CH_3)_3}{\underset{NH-Si(CH_3)_3}{C_6H_4}}
\xrightarrow{COCl_2}
\overset{N-Si(CH_3)_3}{\underset{N-Si(CH_3)_3}{C_6H_4}}CO
\xrightarrow{\text{Hydrolyse}}
\overset{NH}{\underset{NH}{C_6H_4}}CO$$

10 11 12

[1] L. Birkofer, H. P. Kühlthau und A. Ritter, Chem. Ber. 93, 2810 (1960).
[2] R. Mecke jr. und R. Mecke, Chem. Ber. 89, 343 (1956).

Da sich silyliertes o-Phenylendiamin (**10**) wesentlich rascher mit Phosgen umsetzt als das freie o-Phenylendiamin[3], untersuchten wir nun ein Diamin, von dem bekannt ist, daß es mit Phosgen nicht reagiert. So gibt z. B. 4.5-Diamino-uracil mit Phosgen keine Harnsäure. Durch Behandlung dieses Uracils mit Hexamethyldisilazan (**2**) erhielten wir in 90%iger Ausbeute Tetrakis-trimethylsilyl-4.5-diamino-uracil (**13**), dem wir auf Grund IR-spektroskopischer Befunde die Struktur **13** zuschreiben.

Durch Einwirkung von Phosgen auf **13** in Toluol entstand bei 0°C augenblicklich Tetrakis-trimethylsilyl-harnsäure (**14**) in 80%iger Ausbeute, die sich quantitativ zu Harnsäure (**15**) hydrolysieren ließ. Durch direkte Silylierung von Harnsäure mit Hexamethyldisilazan (**2**) erhielten wir eine mit **14** identische Verbindung. Für die angegebene Struktur von **14** spricht einerseits die unter schonensten Bedingungen verlaufende Synthese aus **13**, andererseits das IR-Spektrum der Verbindung.

13 gibt nicht nur mit Phosgen sondern sogar mit Kohlendioxid bei 75 at die Verbindung **14** in 87%iger Ausbeute.

$$
\begin{array}{c}
N\!=\!C\!-\!O\!-\!Si(CH_3)_3 \\
| \qquad | \\
(CH_3)_3Si\!-\!O\!-\!C \quad C\!-\!NH\!-\!Si(CH_3)_3 \\
\| \qquad \| \\
N\!-\!C\!-\!NH\!-\!Si(CH_3)_3 \\
\mathbf{13}
\end{array}
\quad \xrightarrow{\ COCl_2\ oder\ CO_2\ }
$$

$$
\begin{array}{c}
N\!=\!C\!-\!O\!-\!Si(CH_3)_3 \\
| \qquad | \\
(CH_3)_3Si\!-\!O\!-\!C \quad C\!-\!N\!-\!Si(CH_3)_3 \\
\| \qquad \| \quad {\scriptstyle >}CO \\
N\!-\!C\!-\!N\!-\!Si(CH_3)_3 \\
\mathbf{14}
\end{array}
\quad \xrightarrow{\ Hydrolyse\ }
\quad
\begin{array}{c}
NH\!-\!CO \\
| \qquad | \\
CO \quad C\!-\!NH \\
| \qquad \| \quad {\scriptstyle \backslash}CO \\
NH\!-\!C\!-\!NH \\
\mathbf{15}
\end{array}
$$

Reaktionen silylierter cyclischer Amide —
Eine neue Glykosidsynthese

Die gute Löslichkeit der Silyl-Verbindungen in allen nicht protonenaktiven Lösungsmitteln und die hohe Reaktionsbereitschaft der Silyl-Gruppen legten es nahe, silylierte Purine zu Substitutionsreaktionen heranzuziehen. Dabei war zu erwarten, daß die Einwirkung von Säurechloriden leicht zu bisher unbekannten acylierten Purinen führen würde. Interessanter erschien uns die Möglichkeit, die entweder umständliche oder aber nicht zu einheitlichen Produkten führende Alkylierung vor allem der Harnsäure zu vereinfachen, insbesondere durch Variation der Reaktionsbedingungen verschiedene Alkylierungsstufen rein zu erhalten. Hauptziel dieser Untersuchungen sollte es sein, festzustellen, ob die Möglichkeit besteht, eine Abstufung der Reaktionsbereitschaft der verschiedenen Silyl-Gruppen im Purin-System nachzuweisen. In einem solchen Falle würde es die große Bildungstendenz der Halogensilane wahrscheinlich machen, auch Acylhalogenzucker mit silylierter Harnsäure gezielt zur Reaktion bringen zu können. Dies böte erstmals die Möglichkeit, die Harnsäure einer Glykosidifizierung zuzuführen.

---

[3] A. HARTMANN, Ber. dtsch. chem. Ges. **23**, 1046 (1890).

1. Einwirkung von Säurechloriden auf silylierte Verbindungen

a) Cyclisierung von Silyldiaminopyrimidinen mit Oxalylchlorid

Durch Modifizierung der oben erwähnten neuen Harnsäuresynthese konnten wir auch zur Pteridin-Reihe gelangen, indem wir statt Phosgen Oxalylchlorid einsetzten. So reagierte Tetrakis-trimethylsilyl-4.5-diamino-uracil (**13**) bei 0°C in Toluol in Anwesenheit eines geringen Überschusses von Triäthylamin in guter Ausbeute zu Tetrakis-trimethylsilyl-2.4.6.7-tetra-oxy-pteridin (**16**) (bzw. 2.4.6.7-Tetrakis-trimethylsiloxypteridin), dem tetrasilylierten Desaminoleukopterin. Der unsubstituierte Grundkörper kommt neben Leukopterin (**17**) als Pigment im Schmetterlingsflügel vor.

$$
\begin{array}{ll}
\text{N=C—O—SiR}_3 & \text{HN—CO} \\
\text{R}_3\text{SiO—C} \quad \text{C—N=C—OSiR}_3 & \text{H}_2\text{N—C} \quad \text{C—NH—CO} \\
\text{N—C—N=C—OSiR}_3 & \text{N—C—NH—CO} \\
\textbf{16} \ \ \text{R=CH}_3 & \textbf{17}
\end{array}
$$

Beim Versuch, die Umsetzung mit Oxalylchlorid auch auf Tristrimethylsilyl-2.4.5-triamino-6-isopropyloxy- (**18**) und Tris-trimethylsilyl-2.4.5-triamino-6-methoxy-pyrimidin (**19**) zu übertragen, erhielten wir unter Decarbonylierung die entsprechenden silylierten Purine **20** und **21**. **18** und **19** wurden nach dem üblichen Verfahren[1] aus den freien Pyrimidinen[4] und Trimethylchlorsilan/Triäthylamin synthetisiert.

$$
\begin{array}{ccc}
\text{N=C—OR}' & & \text{N=C—OR}' \\
\text{R}_3\text{SiHN—C} \quad \text{C—NH—SiR}_3 & \xrightarrow[\ -\text{CO, }-2\,\text{HCl}\ ]{(\text{COCl})_2} & \text{R}_3\text{SiHN—C} \quad \text{C—N}\diagdown\text{SiR}_3 \\
\text{N—C—NH—SiR}_3 & & \text{N—C—N}\diagdown\text{CO}\diagdown\text{SiR}_3
\end{array}
$$

18: R′ = (CH₃)₂CH   R = CH₃   **20**: R′ = (CH₃)₂CH

19: R′ = CH₃   **21**: R′ = CH₃

20 und **21** stellten wir nicht rein dar. Sie bilden farblose Blättchen aus Acetonitril, die wir mit Methanol sofort in 2-Amino-6-isopropyloxy-8-hydroxy- (**20a**) bzw. 2-Amino-6-methoxy-8-hydroxy-purin (**21a**) überführten, die beide bisher nicht beschrieben wurden.

$$
\begin{array}{l}
\text{N=C—OR}' \\
\text{H}_2\text{N—C} \quad \text{C—NH} \\
\text{N—C—N} \diagup \text{COH}
\end{array}
$$

20a: R′ = (CH₃)₂CH

21a: R′ = CH₃

b) Einwirkung von Monocarbonsäurechloriden auf silylierte cyclische Amidgruppierungen

Nachdem bei 0°C Dicarbonsäurechloride auch im Überschuß nur mit dem Aminwasserstoff des silylierten Diamino-uracils (**13**), nicht dagegen mit den Silyl-Gruppen zur Reaktion zu bringen waren, zeigte es sich, daß Monocarbonsäurechloride nach längerem

---

[4] W. PFLEIDERER und M. RUKWIED, Chem. Ber. **94**, 1 (1961).

Stehen bei Raumtemperatur oder nach kurzem Sieden auch die Silyl-Gruppen der silylierten Amide zu substituieren vermögen.

So reagierte Tetrakis-triäthylsilyl-harnsäure[5] mit 1 Mol Acetylchlorid nach kurzem Sieden in Petroläther zu Tris-triäthylsilyl-acetyl-harnsäure, Tris-triäthylsilyl-xanthin (**22**)[6] zu Bis-triäthylsilyl-acetyl-xanthin und Bis-triäthylsilyl-hypoxanthin (**23**)[6] zu Triäthylsilyl-acetyl-hypoxanthin.

$$
\begin{array}{ccc}
& N\!=\!C\!-\!OSiR_3 & \\
& | \quad | & \\
R_3SiO\!-\!C & C\!-\!N\!-\!SiR_3 & \\
\| & \| \quad \rangle CH & \\
N\!-\!C\!-\!N & &
\end{array}
\qquad
\begin{array}{ccc}
& N\!=\!C\!-\!OSiR_3 & \\
& | \quad | & \\
HC & C\!-\!N\!-\!SiR_3 & \\
\| & \| \quad \rangle CH & \\
N\!-\!C\!-\!N & &
\end{array}
$$

22: $R = C_2H_5$ $\qquad\qquad\qquad$ **23**: $R = C_2H_5$

Etwa einstündiges Sieden von Tetrakis-triäthylsilyl-harnsäure mit einem Überschuß an Acetylchlorid führte quantitativ zur Tetra-acetyl-harnsäure. Analoge Behandlung von **23** ergab ebenfalls durch Austausch der Silyl-Gruppen gegen Acetyl-Reste ein Diacetyl-hypoxanthin.

Schwerer war Benzoylchlorid zur Reaktion zu bringen. Die völlige Umsetzung von Tetrakis-triäthylsilyl-harnsäure zu Tetra-benzoyl-harnsäure erfolgte erst bei kurzem Erhitzen ohne Lösungsmittel auf Siedetemperatur. Daß wir durch Variation der Bedingungen sowohl Mono- als auch Tetra-acetyl-harnsäure fassen konnten, bestätigte unsere bereits früher[6] gemachte Beobachtung, daß eine Silyl-Gruppe besonders leicht reagiert, weitere Einwirkung des Reaktionspartners dagegen zur völligen Umsetzung der restlichen drei Silyl-Gruppen führt, ohne daß ein weiteres Zwischenprodukt faßbar wäre. Ob die Substitution der Silyl-Gruppen durch den Acyl-Rest unter Beibehaltung oder Wanderung der Substitutionsstelle verläuft, ist nicht geklärt. Daher sind die Strukturformeln obiger acylierter Purine, die bisher sämtlich nicht beschrieben wurden, nicht gesichert. Die aus Tris-triäthylsilyl-acetyl-harnsäure durch Methanolyse zu erhaltende Mono-acetyl-harnsäure ist nicht identisch mit der bekannten 7-Acetyl-harnsäure[7] (IR-Spektrum).

Obwohl beim Bis-trimethylsilyl-benzimidazolon (**24**)[6] beide Silyl-Gruppen als gleichberechtigt erscheinen, konnten wir nach kurzem Sieden mit 1 Mol Acetylchlorid in Petroläther durch Destillation das 1-Acetyl-trimethylsilyl-benzimidazolon (**25**) in quantitativer Ausbeute isolieren.

$$
\begin{array}{c}
\underset{N\!-\!SiR_3}{\overset{N\!-\!SiR_3}{\rangle CO}}
\end{array}
\xrightarrow{CH_3COCl}
\begin{array}{c}
\underset{N\!-\!COCH_3}{\overset{N\!-\!SiR_3}{\rangle CO}}
\end{array}
\xrightarrow{CH_3COCl}
\begin{array}{c}
\underset{N\!-\!COCH_3}{\overset{N\!-\!COCH_3}{\rangle CO}}
\end{array}
$$

$\qquad$ **24** $\qquad\quad$ $R = CH_3$ $\qquad$ **25** $\qquad\qquad\qquad\qquad$ **26**

Das Hydrolyseprodukt von **25** erwies sich laut IR-Spektrum als identisch mit authentischem 1-Acetyl-benzimidazolon[8]. Längeres Sieden in Acetylchlorid führte weiter zum 1.3-Diacetyl-benzimidazolon (**26**), das ebenfalls mit einem authentischen Produkt[8] identisch war.

[5] L. Birkofer und A. Ritter, Angew. Chem. **71**, 372 (1959).
[6] H. P. Kühlthau, Diplomarbeit, Köln 1960.
[7] H. Biltz und H. Pardon, J. prakt. Chem. (2) **134**, 310 (1932).
[8] D. Harrison und A. C. B. Smith, J. chem. Soc. (London) **1961**, 4827.

2. Einwirkung von Dialkylsulfaten auf Tetrakis-triäthylsilyl-harnsäure

Bei kurzem Erhitzen von Tetrakis-triäthylsilyl-harnsäure (**27**) mit Dimethyl- bzw. Diäthylsulfat und anschließender Hydrolyse entstehen in nahezu quantitativer Ausbeute 1.7.9-Trimethyl- (**28**) bzw. 1.7.9-Triäthyl-harnsäure (**29**). **28** ist nach IR-Spektrum und R_f-Wert identisch mit einem nach E. FISCHER und F. ACH[9] über 8 Stufen mit etwa 0,2%iger Ausbeute erhaltenen Produkt. Auf die Struktur des bisher noch nicht beschriebenen **29** schlossen wir durch Vergleich seines IR-Spektrums mit dem von **28**. Gießt man die heiße Reaktionslösung von **27** mit Dimethylsulfat in 2 n NaOH, so ist in ebenfalls quantitativer Ausbeute 1.3.7.9-Tetramethyl-harnsäure (**30**) erhältlich. Die Identität von **30** mit einem authentischen Produkt[10] konnte durch das IR-Spektrum sowie den R_f-Wert sichergestellt werden. Die Bildung von **30** ist um so überraschender, als die direkte Einwirkung von Dimethylsulfat auf eine alkalische Lösung von **28** nur in schlechter Ausbeute zu **30** führt. Läßt man jedoch Dimethylsulfat mit Tetrakis-triäthylsilyl-harnsäure (**27**) oder mit 1.7.9-Trimethyl-2-triäthylsilyl-harnsäure (**31**) längere Zeit reagieren, so entsteht in beiden Fällen neben **30** auch 1.2.7.9-Tetramethyl-harnsäure (**32**). **30** kann man durch seine relative Schwerlöslichkeit in Äthanol von **32** trennen. **32** erwies sich im IR-Spektrum und R_f-Wert als identisch mit einem authentischen Präparat[11].

Die **32** entsprechende 1.2.7.9-Tetraäthyl-harnsäure (**33**) war alleiniges Reaktionsprodukt nach mehrstündigem Erhitzen von Tetrakis-triäthylsilyl-harnsäure (**27**) mit Diäthylsulfat auf 130°C. Auf die Konstitution der bisher noch unbekannten Verbindung **33** schlossen wir auf Grund des Vergleichs ihrer UV- und IR-Spektren mit denen von **32**.

27: R = Si(C₂H₅)₃

28: R = CH₃, R′ = H
29: R = C₂H₅, R′ = H
30: R = R′ = CH₃

31: R = CH₃, R′ = Si(C₂H₅)₃
32: R = R′ = CH₃
33: R = R′ = C₂H₅

3. Einwirkung von Methyljodid auf silylierte cyclische Amidgruppierungen

Silylierte Verbindungen reagieren auch mit Alkylhalogeniden wesentlich leichter als die unsilylierten. Im Gegensatz zum freien α-Pyridon, das sich mit Methyljodid erst bei 100°C unter Druck umsetzt[12], wird 2-Trimethylsiloxy-pyridin (**34**) mit Methyljodid bereits bei kurzem Erwärmen auf dem Wasserbad nach Art einer Hilbert-Johnson-Reaktion[13] in das Jodmethylat des N-Methyl-α-pyridons (**35**) übergeführt, aus der wir die freie Base **36** mit gesättigter Pottasche-Lösung freimachen konnten.

Struktur **34** konnten wir spektroskopisch sicherstellen. **36** war im IR-Spektrum identisch mit einem authentischen Präparat[14].

[9] Ber. dtsch. chem. Ges. **32**, 250 (1899).
[10] E. FISCHER, Ber. dtsch. chem. Ges. **17**, 1784 (1884).
[11] H. BILTZ und F. MAX, Ber. dtsch. chem. Ges. **53**, 2327 (1920).
[12] H. v. PECHMANN und O. BALTZER, Ber. dtsch. chem. Ges. **24**, 3144 (1891).
[13] G. E. HILBERT und T. B. JOHNSON, J. Amer. chem. Soc. **52**, 2001 (1930).
[14] Org. Syntheses Coll. Vol. II, S. 419, J. Wiley & Sons, Inc., New York 1943.

Völlig analog wie **34** verhält sich das aus 2.3-Dihydroxy-chinoxalin erhältliche 2.3-Bis-trimethylsiloxy-chinoxalin (**37**), das durch Methyljodid zu 2.3-Dioxo-1.4-dimethyl-2.3-dihydro-chinoxalin (**38**)[15] methyliert wird.

Im gleichen Sinne wie **34** und **37** konnten wir Tetrakis-triäthylsilyl-harnsäure (**27**) mit CH_3J umsetzen. Die Destillation nach mehrstündigem Erwärmen eines Gemisches von **27** mit Methyljodid ergab neben Triäthyljodsilan [$(C_2H_5)_3SiJ$] Tris-triäthylsilyl-1-methyl-harnsäure (**39**).

In wenigen Minuten war die sonst nur recht umständlich herzustellende 1-Methyl-harnsäure[16] aus **27** und CH_3J bei Zugabe von $AgClO_4$ als Kondensationsmittel zu erhalten. Unter starkem Erwärmen fiel sofort AgJ aus, und nach Hydrolyse resultierte 1-Methyl-harnsäure, die wir durch IR-spektroskopischen Vergleich mit einem authentischen Produkt[16] identifizierten.

Im Falle des Tris-triäthylsilyl-xanthins (**22**) setzte die Hilbert-Johnson-Reaktion der —N=C—OSiR$_3$-Gruppierung erst nach der Austauschreaktion an der N—SiR$_3$-Gruppe ein: **22** reagierte mit Methyljodid schon nach einigen Stunden Stehens bei Raumtemperatur quantitativ zum bis-silylierten 7-Methyl-xanthin (**40**), dessen Hydrolyseprodukt

[15] Im IR-Spektrum übereinstimmend mit einem nach G. T. NEWBOLD und E. S. SPRING, J. chem. Soc. (London) **1948**, 519, erhaltenen Präparat.

[16] E. FISCHER und H. CLEMM, Ber. dtsch. chem. Ges. **30**, 3089 (1897).

41 wir auf Grund seiner UV-Spektren identifizierten[17]. Nach mehrstündigem Erwärmen auf dem Wasserbad führte dann die Reaktion weiter zur Methylierungsstufe des Theobromins (**42**), das nach Hydrolyse durch Mischschmelzpunkt und Vergleich im IR-Spektrum mit käuflichem Theobromin identifiziert wurde.

$$
\begin{array}{ccc}
\text{N=C-OSiR}_3 & & \text{N=C-OSiR}_3 \\
\mathrm{R_3SiO-C\ \ C-N-SiR_3} & \xrightarrow[20^\circ\mathrm{C}]{\mathrm{CH_3J}} & \mathrm{R_3SiO-C\ \ C-N-CH_3} \\
\text{N-C-N} & & \text{N-C-N} \\
\mathbf{22} & \mathrm{R = C_2H_5} & \mathbf{40}
\end{array}
$$

$$
\xrightarrow{\text{Hydrolyse}}\qquad
\begin{array}{c}
\text{HN-CO} \\
\mathrm{OC\ \ C-N-CH_3} \\
\text{HN-C-N}
\end{array}\qquad \mathbf{41}
$$

$$
\mathbf{40}\ \xrightarrow[60^\circ\mathrm{C}]{\mathrm{CH_3J}}
\begin{array}{c}
\text{N=C-OSiR}_3 \\
\mathrm{OC\ \ C-N-CH_3} \\
\mathrm{CH_3-N-C-N}
\end{array}
\xrightarrow{\text{Hydrolyse}}
\begin{array}{c}
\text{HN-CO} \\
\mathrm{OC\ \ C-N-CH_3} \\
\mathrm{CH_3-N-C-N}
\end{array}
$$

42

4. Einwirkung von Acylhalogenzuckern auf silylierte cyclische Amidfunktionen

Nachdem sich gezeigt hatte, daß Tetrakis-triäthylsilyl-harnsäure (**27**) einer Hilbert-Johnson-Reaktion mit Methyljodid zugänglich ist (s. o.), lag es nahe, diese Reaktion auch auf Acylhalogenzucker zu erweitern.

So konnten wir **27** mit Acetobromglucose (ABG) in Toluol unter Bildung von Triäthylbromsilan umsetzen und erhielten ein Tris-triäthylsilyl-harnsäure-3-tetraacetylglucopyranosid (**43**), das wir nicht rein darstellten, sondern mit Methanol in das Harnsäure-3-tetraacetylglucosid (**44**) überführten[18]. Der Beweis der 3-Stellung der Glucose wurde durch spektroskopische und präparative Untersuchungen erbracht. Die Entacetylierung von **44** gelang leicht mit NH_3 in methanolischer Lösung und ergab in quantitativer Ausbeute Harnsäure-3-glucopyranosid (**45**).

$$
\begin{array}{ccc}
\text{N=C-OSiR}_3 & \begin{array}{c}\text{48 h/130}^\circ\text{C}\\ \text{ABG/Toluol}\end{array} & \text{N=C-OSiR}_3 \\
\mathrm{R_3SiO-C\ \ C-N-SiR_3} & \xrightarrow[-\mathrm{(C_2H_5)_3SiBr}]{} & \mathrm{OC\ \ C-N-SiR_3} \\
\text{N-C-N-SiR}_3 & & \mathrm{R'-N-C-N-SiR_3} \\
\mathbf{27} & & \mathbf{43}
\end{array}\ \xrightarrow{\mathrm{CH_3OH}}
$$

[17] UV-Spektren der Alkylxanthine: W. Pfleiderer und G. Nübel, Liebigs Ann. Chem. **647**, 155 (1961).

[18] L. Birkofer, A. Ritter und H. P. Kühlthau, Angew. Chem. **75**, 209 (1963).

$$
\begin{array}{l}
\mathrm{HN-CO}\\
\;\;|\;\;\;\;\;|\\
\mathrm{OC}\;\;\;\mathrm{C-NH}\\
\;\;|\;\;\;\;\|\;\;\;\rangle\mathrm{CO}\\
\mathrm{R'-N-C-NH}
\end{array}
$$

44–45

27: $R = C_2H_5$

43: $R = C_2H_5$, $R' = 2.3.4.6$-Tetraacetyl-glucosyl-(1)

44: $R' = 2.3.4.6$-Tetraacetyl-glucosyl-(1)

45: $R' =$ Glucosyl-(1)

Wesentlich früher gefunden als die Hilbert-Johnson-Reaktion zur Darstellung von N-Glycosiden Lactam-Lactimtautomerie-fähiger Gruppierungen wurde die Methode, Schwermetallsalze der Amidkörper – vor allem der Purine – mit Acylhalogenzuckern zur Reaktion zu bringen[19, 20]. Diese Reaktionen führen nicht in jedem Falle zur N-Glycosidierung. W. PFLEIDERER und R. LOHMANN[21] berichten z. B. über ausschließliche Bildung von O-Glucosiden bei Oxy-pterinen. Nach G. WAGNER und H. PISCHEL[22] führt die Umsetzung der Quecksilberchlorid-Verbindung des α-Hydroxy-pyridins mit Acetobromglucose zum O-Tetraacetylglucosid des α-Hydroxy-pyridins, das erst bei längerem Erhitzen, in Gegenwart des bei der Reaktion austretenden Quecksilberbromids, zum N-Tetraacetylglucosid des α-Pyridons (**46**) umglucosidiert wird.

In reiner Form entsteht **46** sofort aus 2-Trimethylsiloxy-pyridin (**34**) und Acetobromglucose, in Anwesenheit von Silberperchlorat bereits bei Raumtemperatur. Es ist anzunehmen, daß zunächst Silberperchlorat mit Acetobromglucose unter Bildung von Silberbromid sowie Glucoseperchlorat reagiert, und dieses sich mit **34** zu Trimethylsilylperchlorat und α-Pyridon-N-tetraacetylglucosid (**46**) durch Hilbert-Johnson-Reaktion umsetzt.

$$
\begin{array}{ccc}
\text{34} & \xrightarrow[\substack{-\;\mathrm{AgBr}\\ -\;(CH_3)_3SiClO_4}]{+\;\mathrm{ABG/AgClO_4}} & \text{46}
\end{array}
$$

R = 2.3.4.6-Tetraacetyl-glucosyl-(1)

46 kann auch als Perchlorat isoliert werden. Hierzu versetzt man die Reaktionslösung von **34** und Acetobromglucose (ABG) vor Entfernung des Trimethylsilylperchlorats mit wenig Methanol, wobei sofort **46**.$HClO_4$ entsteht, das in Äther sehr schwer löslich ist.

Auf dem eben geschilderten Wege wurde eine Reihe von Harnsäure-3-glycosiden dargestellt, die erstmals von uns[18] synthetisiert wurden. So reagiert z. B. Tetrakis-triäthyl-silyl-harnsäure (**27**) mit 1-Brom-2.3.4-triacetyl-ribopyranose bzw. 1-Brom-2.3.5-tribenzoyl-ribofuranose über die Zwischenprodukte **47** bzw. **48** zu Harnsäure-3-triacetyl-ribopyranosid (**49**) bzw. -3-tribenzoyl-ribofuranosid (**50**), deren Verseifung Harnsäure-3-ribopyranosid (**51**) bzw. -3-ribofuranosid (**52**) ergibt. Die entsprechende Umsetzung von **27** mit Acetobromglucose führt über **43** zum bereits erwähnten Harnsäure-3-tetraacetylglucosid (**44**), das sich zum Harnsäure-3-glucosid (**45**) hydrolysieren läßt.

[19] E. FISCHER und B. HELFERICH, Ber. dtsch. chem. Ges. **47**, 210 (1914).

[20] J. DAVOLL und B. A. LOWY, J. Amer. chem. Soc. **73**, 1656 (1951).

[21] Chem. Ber. **95**, 738 (1962).

[22] Naturwissenschaften **48**, 454 (1961).

22

$$\text{27} \quad + \quad \begin{array}{l} \text{1-Brom-2.3.4-triacetyl-ribopyranose} \\ \text{1-Brom-2.3.5-tribenzoyl-ribofuranose} \\ \text{1-Brom-2.3.4.6-tetraacetyl-glucose} \end{array} \quad \frac{+ \ AgClO_4}{- \ AgBr \atop - \ (C_2H_5)_3SiClO_4} \longrightarrow$$

$$
\begin{array}{c}
N\!=\!C\!-\!OR \\
\mid \quad \mid \\
OC \quad C\!-\!N\!-\!R \\
\mid \quad \| \quad \rangle CO \\
R'\!-\!N\!-\!C\!-\!N\!-\!R
\end{array}
\quad \xrightarrow{\text{Hydrolyse}} \quad
\begin{array}{c}
HN\!-\!CO \\
\mid \quad \mid \\
OC \quad C\!-\!NH \\
\mid \quad \| \quad \rangle CO \\
R'\!-\!N\!-\!C\!-\!NH
\end{array}
$$

43: R = Si(C$_2$H$_5$)$_3$
    R′ = 2.3.4.6-Tetraacetyl-glucosyl-(1)

44: R′ = 2.3.4.6-Tetraacetyl-glucosyl-(1)
45: R′ = Glucosyl-(1)
47: R = Si(C$_2$H$_5$)$_3$
    R′ = 2.3.4-Triacetyl-ribopyranosyl-(1)
49: R′ = 2.3.4-Triacetyl-ribopyranosyl-(1)
48: R = Si(C$_2$H$_5$)$_3$
    R′ = 2.3.5-Tribenzoyl-ribofuranosyl-(1)
50: R′ = 2.3.5-Tribenzoyl-ribofuranosyl-(1)
51: R′ = Ribopyranosyl-(1)
52: R′ = Ribofuranosyl-(1)

Das Harnsäure-3-ribofuranosid (**52**) stimmt mit dem aus Rinderblut isolierten Produkt[23] in seinem IR- und UV-Spektrum sowie seiner optischen Drehung überein. Außerdem haben wir die 3-Stellung der Ribose noch durch Methylierung von Harnsäure-3-tribenzoyl-ribofuranosid (**50**) mit Diazomethan und anschließende Hydrolyse des Reaktionsproduktes zu 1.7-Dimethyl-harnsäure bewiesen.

Auch der Vergleich verschiedener Harnsäure-Derivate im IR-Spektrum läßt auf eine 3-Stellung des Zuckers in den von uns dargestellten Harnsäureglycosiden schließen, da nur die 3-substituierten Harnsäuren im CO- und C=C-Valenzgebiet um 1550/cm absorbieren, während alle in 3-Stellung freien Harnsäuren eine derartige Bande um oder über 1590/cm aufweisen.

Auch Tris-triäthylsilyl-xanthin (**22**) reagiert mit Acetobromglucose. Das primär auftretende Bis-triäthylsilyl-xanthin-tetraacetylglucosid ergibt nach Verseifung ein Xanthinglucosid, dessen UV-Spektrum weder mit dem des Xanthin-7- noch des -9-glucosids[24] übereinstimmt.

Ein Vergleich der UV-Spektren der verschiedenen Alkylxanthine[17] spricht für das Vorliegen von Xanthin-3-glucosid. Im Gegensatz zur 7- und 9-Stellung können wir jedoch die 1-Stellung nicht ganz ausschließen.

[23] H. S. Forrest, D. Hatfield und J. M. Lagowski, J. chem. Soc. (London) **1961**, 963.
[24] J. Baddiley, J. G. Buchanan und G. O. Osborne, J. chem. Soc. (London) **1958**, 3606.

GPSR Compliance
The European Union's (EU) General Product Safety Regulation (GPSR) is a set
of rules that requires consumer products to be safe and our obligations to
ensure this.

If you have any concerns about our products, you can contact us on

ProductSafety@springernature.com

In case Publisher is established outside the EU, the EU authorized
representative is:

Springer Nature Customer Service Center GmbH
Europaplatz 3
69115 Heidelberg, Germany